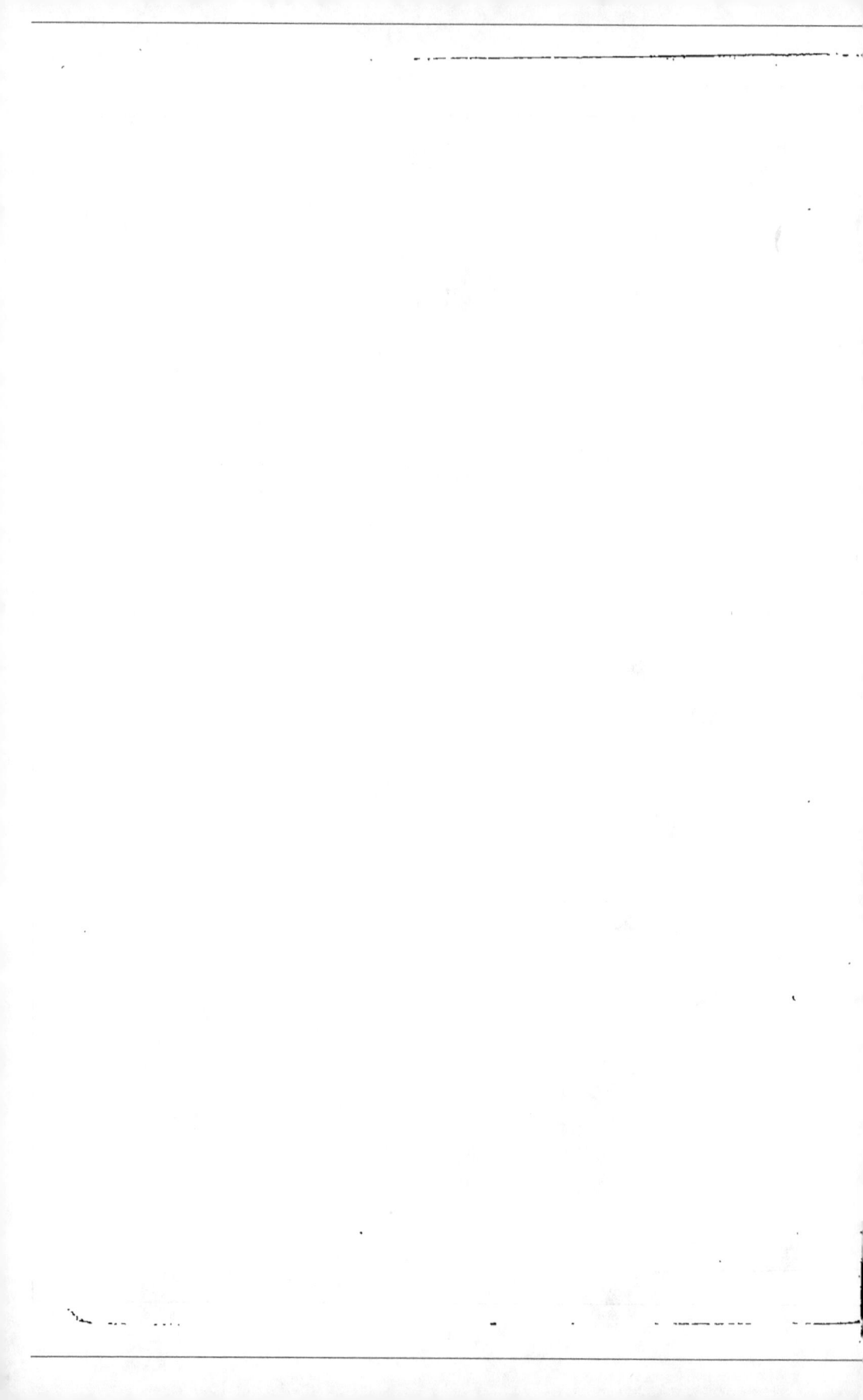

APPROVISIONNEMENT

DE LA

VILLE DE LYON

Houilles et Cokes

LIVRET DU CONSOMMATEUR

LYON

IMPRIMERIE DE VEUVE MOUGIN-RUSAND
Rue Tupin, 18

1863

En présence des grandes choses qui se sont accomplies à Lyon dans ces derniers temps, un sentiment saisit l'âme : c'est celui de notre intelligence et de notre force, quand nous les mettons, sans arrière-pensée, au service du bien public.

Honneur à ceux dont les œuvres proclament ainsi la puissante activité et qui, par leur exemple, relèvent tout autour d'eux !

Ce que nous avons voulu, ce petit livre le dira-t-il ?

Accomplir un devoir d'honnête homme en nous inspirant de ces exemples? Peut-être n'étions-nous pas indignes de le tenter, mais nous ne saurions en avouer l'orgueilleuse prétention.

Sous sa forme rude et positive, dira-t-il au

moins à cette population lyonnaise, chez laquelle l'amour de la vérité s'allie à tant de nobles qualités, combien nous l'honorons et comment nous voudrions la servir ?

Si nous avons échoué, qu'on nous plaigne, car nous n'avons pas même compté sur les misérables consolations de l'amour-propre ou du gain.

Sommes-nous parvenus à un résultat utile ? alors qu'on n'oublie pas que c'est au-dessus de nous qu'est le principe auquel nous le devrions ; ici, comme toujours, la main du manœuvre proclame le travail d'un cerveau qui ordonne d'en haut tout ce qui s'exécute en bas ; et, dans l'histoire des monuments, le nom des manœuvres n'a pas de place.

JACQUES P.

PREMIÈRE PARTIE

FAITS ET RÈGLES

FAITS ET RÈGLES

C'est par la cuisson que presque toutes les substances alimentaires deviennent propres à la nourriture de l'homme ; les matières qui fournissent le feu nécessaire à leur préparation ont donc leur place marquée au premier rang, à côté même de la viande et du pain.

Mais, si le rôle du combustible a une importance considérable au point de vue des subsistances (1), on peut dire qu'aujourd'hui il domine tout au point de vue de la défense du pays. Par l'application de la vapeur à la navigation, la houille n'est plus seulement, en effet, une marchandise, c'est la force qui met en mouvement

---

(1) Nous ne parlons pas ici de l'industrie : si grands, si légitimes que soient ses droits, ils ne sont que secondaires en présence de l'intérêt qui nous occupe.

toutes les forces qui protégent ou menacent l'indépendance, la fortune et l'existence des peuples.

Pour poser la question dans sa formidable grandeur, il suffit de supposer un instant nos marchés envahis par les houilles anglaises et notre production nationale découragée, comprimée et appauvrie; serait-ce aller trop loin que d'affirmer que, par le seul fait d'une rupture avec l'Angleterre, les principales ressources de la France se trouveraient anéanties? Que feraient nos flottes blindées sans charbon et sans vapeur? Que deviendrait notre industrie, quand l'élévation désordonnée du prix des houilles lui en aurait rendu l'usage impossible? Et, dans cette disette du charbon, terrible pendant des famines du Moyen-Age, que feraient notre patriotisme et notre courage contre toutes ces puissances de destruction que la fatalité aurait ainsi déchaînées contre nous?

Et lorsque, dans une crise récente et sous l'empire d'une petite cause, nous avons vu le prix des houilles s'élever brusquement au double de leur prix normal, qu'on ne dise pas que ces craintes sont chimériques et qu'une cause directe,

générale et d'une incomparable puissance ne
produirait pas par explosion les résultats dont
l'idée seule nous épouvante.

Cependant, s'il importe de mesurer cette éven-
tualité, il ne faut pas oublier non plus que le
gouvernement est à l'œuvre pour en conjurer
les périls, et que certainement il les domine déjà
par sa sagesse et par son énergie. Tout en son-
dant l'abime, ne jugeons donc pas le libre-
échange par le mal qu'il a fait et qu'il doit nous
faire encore; à côté des conséquences que le
génie de l'Angleterre a rêvées, voyons les conséquences que le génie de la France en saura
tirer. S'il n'est pas vrai qu'en échange de nos
vins qu'ils nous disputent et dont le prix s'élève,
nos voisins nous livrent leurs cotonnades et leurs
vêtements confectionnés à meilleur prix que nous
ne les payons chez nos fabricants, il peut être
vrai, du moins, que nos grandes industries sor-
tent de la lutte plus libres, plus fortes et plus
prospères qu'elles ne l'étaient. Le contraste des
positions ne rend-il pas déjà saisissants des faits
niés ou méconnus jusqu'ici ? Il faut, dit-on, que
notre industrie houillère se transforme, qu'à un
moment donné elle puisse faire face à tous les

besoins du pays et doubler sa production sans augmenter ses prix ; que de Dunkerque à Bayonne et de Brest à Toulon, on ne brûle plus, *quand il le faudra*, que du charbon français. Soit, mais il faut alors qu'elle obtienne le respect et l'extension de ses droits, il faut que les obstacles, qui ont jusqu'ici paralysé ses développements au profit de la concurrence étrangère, soient détruits ; il faut qu'elle n'ait plus à envier à l'Angleterre, à la Belgique et à la Prusse des instruments de production que le pays peut seul lui fournir, qu'il lui doit et qui ne sont, au fond, qu'un moyen d'identifier avec les intérêts nationaux des intérêts privés qu'il n'est plus possible d'en séparer (1).

---

(1) « Les idées de liberté commerciale ne peuvent être soutenues avec une apparence de raison, que dans le cas où elles seraient du moins précédées de deux précautions : la première, de mettre l'industrie nationale en possession de *tout* ce qui est *nécessaire*, de *tout* ce qui lui est *dû* pour qu'elle se trouve en égalité de ressources pour produire à bon marché avec le peuple qui, sous ce rapport, est le plus avancé, et, après avoir pris la résolution de l'y maintenir incessamment par les additions nouvelles que les circonstances indiqueront ; la seconde,

C'est seulement alors que les menaces de l'avenir s'évanouiront et qu'on pourra dire qu'un mal passager aura produit un bien immense : telle doit être et telle sera, n'en doutons pas, l'issue de l'épreuve imposée à la production houillère.

Lyon, placé dans des conditions exceptionnellement favorables, ayant sous sa main les res-

---

de délivrer l'industrie de *toute charge* qui pèse sur elle, directement ou indirectement, au-delà de ce qu'a à supporter, par des motifs semblables, l'industrie étrangère la plus favorisée. (*Etudes sur les deux systèmes opposés du libre échange et de la protection.* — Rœderer, Paris, chez Guillaumin, 1 vol. in-8°, ouvrage que complète la réponse de M. Rœderer à M. Molinari, chez le même libraire).

Voyez aussi le remarquable mémoire sur la situation commerciale des houillères du Nord et du Pas-de-Calais, publié en 1860 par M. de Marsilly, ingénieur des mines (*Annales des Mines*, 5e série, tome xvii, page 107).

sources en quelque sorte inépuisables d'un des
plus riches bassins houillers du monde, n'a certes
rien à envier aux autres villes de l'empire pour
le bon marché du combustible, la facilité, l'a-
bondance et la qualité de ses approvisionnements.

Cependant, ses habitants se souviennent d'a-
voir payé le charbon le tiers de ce qu'il coûte
aujourd'hui, et, oubliant que non-seulement cette
augmentation a été générale, mais qu'elle a été
beaucoup plus forte ailleurs, ils s'en prennent à
des causes qui ne sont presque jamais les causes
réelles (1).

---

(1) C'est ainsi que les consommateurs, trompés sur
leurs véritables intérêts, appuyèrent les réclamations qui
amenèrent, en 1854, le démembrement de la Compagnie
des mines de la Loire et par suite la suppression de ses
entrepôts de détail, faute grave qui, en chassant le producteur pour le remplacer par le spéculateur, substi-
tuait, sans aucun contrepoids au monopole imaginaire
du premier, le monopole bien autrement réel et bien
autrement dangereux de celui-ci. Le consommateur
subit les conséquences de cette faute qui était aussi,
il faut le reconnaître, une souveraine injustice. Si
les prix des compagnies houillères n'éprouvèrent que
le seul accroissement résultant de l'excédant de frais

Rappelons donc les faits établis par le ministre lui-même dans ses rapports à l'Empereur sur la situation de l'industrie minérale.

De 1847 à 1853, le prix moyen des houilles de la Loire ne varie que de 0,04 (de 0,89 à 0,93) sur le carreau des mines ; en 1854, il s'élève à 1 fr. 10 et atteint, en 1855, le chiffre de 1 fr. 20, auquel il se maintient jusqu'à ce jour.

L'augmentation des prix du charbon, par le fait des compagnies houillères, n'a donc pas excédé 25 p. %, encore est-elle rigoureusement justifiée par l'augmentation des salaires (1) et des frais d'exploitation.

---

dont les grevait leur désagrégation, l'intermédiaire, moins scrupuleux, ne laissa échapper aucune occasion d'élever les prix de vente, et, par suite, le mal qu'on croyait amoindrir se trouva considérablement aggravé.

(1) « ....On a toujours payé les ouvriers à 10 sous ; « c'était le *plus haut prix*. .... il se soutient au même « taux depuis quinze ans, et, à présent, le *plus cher* ne « dépasse pas 12 sous pour les épuisement d'eau et « creusement de puits. » (Linguet, *Du Pain et du bled*, 1774, page 177). Ce salaire, qui est aujourd'hui de 3 fr. par jour, s'est donc *sextuplé* en 88 ans ; c'est 0 fr. 50 d'augmentation environ par 17 ans. Cette loi d'accroissement est à peu près vraie pour toute la France.

Mais, sous l'influence des intermédiaires, l'augmentation des prix de vente, à Lyon, suit une loi fort différente.

Après avoir varié de 1 fr. 60 à 2 fr. 05 de 1846 à 1853, s'être brusquement élevé à 2 fr. 69 en 1854, être redescendu à 2 fr. 59 en 1855, il se maintient jusqu'en 1860 à 2 fr. 35, et reprend en 1861 son mouvement ascensionnel, présentant ainsi, en moins de 13 ans, une augmentation d'environ 47 p. %.

Il est donc acquis, par ce simple rapprochement, que le bénéfice que s'attribuait en 1847 le commerce des charbons, s'est accru de plus de 22 p. % (47-25), et que si ses charges ont, il est vrai, subi une forte augmentation, on ne peut admettre que cette augmentation ait absorbé celle qui s'est produite sur les prix de vente.

La conclusion de cet exposé, c'est que la ville de Lyon, étroitement rattachée par ses véritables intérêts à ceux des compagnies houillères, doit s'efforcer d'obtenir les améliorations que ces compagnies réclament et dont elle doit, bien plus qu'elles, recueillir les avantages. En ne perdant jamais de vue cette solidarité d'intérêts,

en s'associant, par ses vœux et par ses efforts,
aux intentions du gouvernement pour affranchir
la production de ses entraves, elle travaille pour
le pays et pour elle-même.

———

Enfin, pour répondre à quelques observations
auxquelles a donné lieu la perception, à Lyon,
d'un droit d'octroi sur le charbon, rappelons
que les bois de chauffage et les cokes y sont depuis longtemps soumis ; que l'exemption dont
jouissait la houille était une anomalie injustifiable, et que l'intérêt général non moins que l'é-
quité exigeait qu'elle contribuât aussi pour quelque chose dans les charges locales, comme cela
a lieu, du reste, dans toutes les autres villes.

Que d'ailleurs, en ce qui touche la consommation ménagère, le droit est si faible qu'il ne
saurait, dans la plupart des cas, affecter les prix
de vente.

Qu'en ce qui touche la consommation industrielle, il est encore un des plus faibles de tous ceux dont la houille est frappée dans les autres villes de l'empire, et que, sous ce rapport surtout, Lyon reste, comme avant, une ville privilégiée.

Au surplus, la situation faite à l'industrie par la perception de taxes municipales sur la houille a été nettement établie par l'autorité la plus dévouée à ses intérêts et, en même temps, la plus compétente en cette matière. Le Comité des houillères françaises disait en 1855 :

« Un atelier de construction de machines à
« vapeur et appareils mécaniques de toute na-
« ture, livrant en moyenne pour cinq millions
« d'appareils dans l'année, consomme à Paris de
« 100 à 120,000 fr. de charbon et de coke.
« L'importance relative de cette consommation
« est si faible, que les principaux ateliers de
« construction sont encore aujourd'hui dans
« Paris *payant un droit d'octroi de 0 fr. 72 par*
« 100 *kilog., et n'ont pas cherché à se soustraire*
« *à ce surcroît de prix* en se déplaçant.

« Ajoutons enfin une dernière considération.
« La plupart des usines et ateliers de toute na-

« ture n'ont pas, en moyenne, des machines de
« plus de dix chevaux, consommant de 5 à 600
« kilog. de houille par journée de travail. C'est
« en moyenne 18 fr. par jour, c'est-à-dire la
« journée de 5 à 6 ouvriers pour le moteur qui
« vivifie toute la fabrique ; aussi peut-on appli-
« quer à tous les ateliers ce que nous venons de
« dire des ateliers mécaniques : ils ne cherchent
« pas même à se soustraire aux droits d'octroi
« pour la houille qu'ils consomment. » (*Situation de l'industrie houillère en* 1855, page 25.)

LIVRAISONS

Au poids : quintal métrique ou 100 kilog.

A la mesure : hectolitre (improprement benne).

—◇◯◇—

L'unité de poids adoptée dans ce travail est le *quintal métrique* (100 kilog.), que le gouvernement lui-même a substituée à toutes celles qu'il avait employées précédemment dans les publications officielles (1); 10 quintaux métriques représentent la tonne, unité de mesure des chemins de fer et de la navigation (la tonne vaut 1,000 kilog.).

C'est surtout en ce qui touche la houille que les inconvénients de la diversité des mesures sont manifestes, et que la confusion qu'elles ré-

---

(1) A partir de l'année 1853, le mot *hectolitre* disparaît de la statistique de l'industrie minérale publiée par la Direction des mines. (*Rapport à l'Empereur*, 1861, imprimerie impériale.)

pandent dans les transactions donne lieu aux abus les plus graves.

Accorder qu'on puisse vendre, soit à la mesure, soit au poids, ce n'est pas respecter la liberté du commerce, c'est en bouleverser les conditions nécessaires en le privant d'une base certaine : aussi les Anglais, pour qui cette liberté passe peut-être avant toutes les autres, ont-ils cru la fortifier en la réglant et en proscrivant, pour les charbons, sous des peines dont la sévérité nous étonnerait, tout autre mode de livraison que celui au *poids*. (Actes 1 et 2, Guillaume IV, c. 76 ; Actes 1 et 2, Victoria, c. 101.) (1).

---

(1) Le Comité d'enquête nommé en 1830 par la Chambre des communes fut frappé de la gravité des abus auxquels donnait lieu la vente des charbons dans la ville de Londres : il démontra combien était vicieux le système de vente à la *mesure* et proposa de substituer la vente au *poids* au mode suivi jusqu'alors. Les conclusions du rapport furent adoptées par la Chambre des communes. (M. Piot, Mémoire sur l'exploitation des houillères de Newcastle. *Annales des Mines*, 4e série, tome 1, 1842, page 117.)

Voyez aussi le Rapport présenté au Ministre de l'agri-

Avec leur esprit observateur et leurs habitudes positives, les Lyonnais n'avaient pas besoin d'aller chercher outre-Manche une règle de conduite, et, probablement sans savoir ce qui se passait à Londres, ils arrivaient, par leur propre expérience, aux mêmes convictions et aux mêmes résultats. C'est ainsi que le système de livraison au poids s'est développé avec une telle rapidité dans ces dernières années, que les grands industriels, qui se laissent encore servir à la *mesure* (hectolitre), représentent à peine aujourd'hui 7 p. % de la masse ; qu'il n'y a plus un seul établissement public qui n'ait abandonné ce mode, et qu'on peut prédire que, dans un temps prochain, il sera repoussé par tout le monde.

Les faits qui ont déterminé cette révolution dans les habitudes locales sont trop connus pour qu'il soit nécessaire de les rappeler ici ; mais il n'est pas inutile de faire connaître à ceux des

culture, du commerce, etc., par le docteur Robert de Massy, sur les halles et marchés et sur le commerce des objets de consommation à Londres et à Paris. (Paris, impr. impériale, 2 vol. in-8°, 1861 et 1862, 1re partie, p. 227.)

consommateurs qui n'ont point eu l'occasion de comparer le système de la livraison à la mesure avec le système de livraison au poids, ce que la pratique a établi pour chacun d'eux.

Le vice dominant de la mesure est qu'elle échappe à tout moyen de contrôle. L'hectolitre de houille ou de coke pèse depuis 36 kilog. jusqu'à 100 ; quant à la quantité, elle varie et notablement, selon que le mesurage est fait de telle ou telle manière, par telle ou telle personne, dans telle ou telle condition ; or, quand le mesurage présente de pareilles variations, on comprend que le remesurage à titre de vérification en présente de non moins grandes, et qu'il soit à la fois très-difficile, souvent illusoire et impraticable et toujours fort coûteux ; en fait, on y a renoncé presque sans exception, et les livraisons à la mesure ne se vérifient plus (1).

_____

(1) Les vérifications de mesures sont fort longues. elles exigent un grand emplacement, le concours de plusieurs manœuvres, etc., aussi les mesureurs publics préposés dans le temps à cette nature d'opération ont-ils fini par disparaître complètement faute d'être employés, et le Poids public des charbons, qui procède

Tout au contraire, les livraisons au *poids* ont
une base fixe que rien ne peut faire varier ; leur
vérification est rendue aussi rapide que facile
par le grand nombre de bascules dont disposent
actuellement, sur tous les points, les chemins de
fer, le commerce et l'industrie ; enfin un établissement spécial (le *Poids public des charbons*)
permet de les effectuer instantanément, avec les
garanties légales les plus complètes et avec une
telle économie que les frais en sont presque
nuls.

chaque année à un nombre considérable de vérifications
de *poids*, a-t-il à peine été requis quatre ou cinq fois
pour des vérifications de *mesures*. Ceci explique les efforts inouïs de certains marchands pour le maintien de
ce dernier mode de livraison.

En résumé, le *pesage* donne l'expression vraie de la
quantité, tandis que le *mesurage* n'en fournit presque
toujours qu'une approximation grossière et ouvre la porte
aux mécomptes, aux fraudes et aux contestations ; sans
descendre dans les détails de la question, il suffit de
jeter les yeux autour de soi pour reconnaître qu'aussitôt
que, dans les transactions, les deux systèmes du pesage
et du mesurage sont en présence : le premier tend à se
substituer au second et y arrive infailliblement, quoi
qu'on fasse, par la force de son principe.

La recherche et l'exploitation de la houille
donnent lieu à des opérations longues, difficiles
et coûteuses : tel morceau de charbon n'a été
extrait qu'après 40 ans d'efforts et qu'après avoir
occasionné une dépense de plusieurs millions (1).

Rien qu'en France 60,000 familles vivent uniquement du travail que leur procure ce précieux
minéral ; depuis le géologue qui le devine et en
dénonce les gîtes probables, depuis l'ingénieur
et le mineur qui vont l'arracher à d'immenses
profondeurs (2), jusqu'à la ménagère ou au

---

(1) Entre mille exemples : les recherches dans la partie de la concession de Givors, appelée Cluzel, ont été
abandonnées en 1820, après 80 ans de recherches ; celles
dans l'autre partie de la même concession (Montrond)
ont commencé en 1818 et n'ont encore produit aucun
résultat ; celles du Plat-de-Gier ont duré 23 ans avant de
rien produire. Nos houillères du nord, ouvertes en 1716,
n'ont commencé à produire qu'en 1734 ; celles du Pas-
de-Calais ont nécessité 150 forages, l'établissement de
32 puits et une dépense de 15 à 17 millions avant de
devenir productives.....

(2) Les puits de 600 mètres de profondeur ne sont
pas rares dans les exploitations houillères ; sous l'empire de la nécessité, on étudie les moyens d'arriver à

chauffeur qui l'emploient, ce serait peu que d'évaluer à 100 le nombre des mains par lesquelles il passe avant de livrer le calorique qu'il recèle.

Nous nous bornerons à indiquer ici, par groupes principaux, les intermédiaires placés entre le producteur et le consommateur :

Le producteur (les compagnies houillères, vulgairement la *mine*),

Le commissionnaire,

Le transporteur (chemin de fer, voiturier, canal, navigation),

Le marchand en gros,

Le marchand en détail,

Le courtier,

Le camionneur (transport du point d'arrivée au lieu de livraison).

Le peseur,

Le portefaix,

Le consommateur.

---

des profondeurs de 1,000 à 1,200 mètres; et déjà les forages effectués au Creuzot, sous la direction de M. Kind, ont dépassé 900 mètres.

COMPAGNIES HOUILLÈRES

Les compagnies houillères sont, par la composition à tous les degrés de leur immense personnel, par les services qu'elles rendent, par les traditions qu'elles perpétuent, l'honneur de notre industrie nationale : étrangères à ces spéculations qui fondent leurs principales chances de gain sur les besoins du consommateur et aggravent à leur profit tous ses embarras, elles s'efforcent de maintenir leur prix à un niveau constant, malgré les séductions de l'occasion et de l'exemple (1). Mais entre toutes l'opinion pu-

(1) Pendant la guerre de Crimée les houilles ne subirent, sur le carreau des mines, que l'augmentation résultant de l'élévation des salaires ; cependant, sur les lieux de consommation, et notamment à Marseille, la houille achetée 21 fr. les 1,000 kilog. fut vendue 65, 70, 80 et même 87 fr. ! !

blique distingue : et c'est surtout des exploitations de la Loire qu'on peut dire que leur position n'est si honorable que parce qu'elles ont toujours pu montrer dans les hommes qui les dirigent le mérite uni au véritable patriotisme et à la probité.

Pour qui a vu comment le service des expéditions est organisé dans les mines, avec quel soin elles sont surveillées, il est manifeste qu'on pourrait à peine indiquer un changement constituant une véritable amélioration.

Les déficits qui se produisent parfois dans les expéditions des mines ne peuvent donc, avec quelque raison, être imputées qu'aux agents qu'elles sont forcées d'employer et sur la plupart desquels elles n'ont absolument aucune action (ceux des intermédiaires par exemple) ; ils n'accusent que les imperfections inhérentes à un mode d'expédition et de transport effectué sur une vaste échelle et que la confusion inséparable, à certains moments, d'un accroissement de travail à la fois énorme et subit.

Mode et conditions des livraisons.

A un petit nombre d'exceptions près, les mines font toutes leurs livraisons au *poids*.

Pour les gros et le coke, la *mesure* a complètement cessé d'être en usage, et si quelques compagnies houillères emploient encore ce mode pour la livraison de leurs menus, c'est parce que le chemin de fer ne s'est pas prêté à l'établissement de bascules sur les embranchements où se fait le chargement de ces charbons.

Les compagnies n'expédient pas moins d'un wagon, soit au moins 5,000 kilog. ; les paiements sont exigibles à la fin du mois qui suit celui de la livraison.

Toutes les fois qu'on peut prendre dans les mêmes natures de houilles ou de cokes des quantités égales ou supérieures à celle qui vient d'être indiquée, on peut s'adresser directement aux mines.

Lorsque la quantité dont on a besoin est inférieure à 5,000 kilog., qu'on ne pourrait utiliser les menus débris qui se forment dans le transport des gros charbons, que l'on ne veut que des

charbons nettoyés ou qu'on fait usage de mé-
langes, il est indispensable de s'adresser à un
marchand.

Les compagnies houillères ne garantissent la
quantité qu'au moment de la livraison et sur le
carreau même de la mine ; elles ne reconnais-
sent d'autre poids que celui de leurs bascules
et n'admettent, dans aucun cas, les résultats d'un
pesage étranger. Elles fondent cette prétention
sur l'impossibilité où elles sont d'accepter : 1° la
responsabilité des déchets de route qui incom-
bent au transporteur ; 2° les résultats du pesage
effectué à l'aide des bascules du chemin de fer,
parce que ce pesage n'a pas lieu avec les précautions et dans les conditions indispensables,
et que, de plus, il est vicié par l'introduction d'un
élément admis comme fixe alors qu'il présente
des variations continuelles (la tare des wagons
vides inscrite sur leurs flancs).

COMMISSIONNAIRES

—⌒○⌒—

Si le commissionnaire est, pour quelques marchands, un agent fort utile, son rôle est loin de
s'expliquer pour le consommateur qui, pour peu
qu'il soit solvable et connu, obtiendra, en s'a-
dressant directement à la mine, des avantages
qu'elle seule peut lui accorder.

Cependant, nous ne devons pas laisser ignorer
que, par une exception très-regrettable, quelques mines ont posé en principe qu'elles ne trai-
teraient plus avec le consommateur que par
l'intermédiaire et sous la responsabilité d'un
commissionnaire ; elles ont voulu, par cette mesure, se mettre à l'abri des réclamations auxquelles peuvent donner lieu les différences plus
ou moins réelles, que le réceptionnaire peut découvrir à l'arrivée, soit dans la quantité, soit

dans la qualité ; des refus de recevoir la livraison qui sont pour elles une source d'embarras et de frais ; enfin, des difficultés et des pertes auxquelles donne lieu le recouvrement des sommes dues.

TRANSPORTEURS

DE LA MINE A DESTINATION

—

Chemins de fer, Voituriers de terre,
Canaux, Navigation

—◇◯◇—

Le consommateur n'a de rapport avec le transporteur que lorsqu'il s'approvisionne directement à la mine. Dans ce cas, tout se réduit
pour lui à *exiger* que la lettre de voiture en forme lui soit remise, car c'est sa garantie, et, sous
aucun prétexte, il ne doit consentir à ce qu'on
l'en frustre (1); à vérifier avec soin cette lettre, à

—

(1) Cette question, l'une des plus graves qu'on puisse
soulever au point de vue de la sécurité des transactions,
a été traitée par M. Eug. Jouve, avec une connaissance
profonde des intérêts qui s'y rattachent, dans le *Courrier de Lyon* du 18 octobre 1862. En signalant la manœuvre à l'aide de laquelle certains transporteurs comp-

en solder le montant ; à faire enlever son charbon par son voiturier et à le reconnaitre.

Il convient de toujours choisir pour point d'arrivée les estacades publiques de Perrache, la
faible augmentation de prix que présente ce parcours comparé à celui de la Méditerranée (gare
de la Mouche) est compensée par les facilités qu'il
offre au consommateur auquel trois jours sont
accordés pour l'enlèvement, tandis qu'à la gare
de la Mouche il n'a que 24 heures, et par l'existence, sur le premier de ces points, du *Poids
public des charbons*, qui lui offre de précieux
moyens de contrôle et de surveillance.

___

tent arriver, par la suppression de la lettre de voiture,
à s'affranchir de toute responsabilité, l'éminent et cou-
rageux publiciste a rendu au commerce un de ces services qui ne s'oublient pas.

MARCHANDS EN GROS

Beaucoup d'individus usurpent le titre de marchands qui ne sont pas même des courtiers, puisque leur intervention consiste à revendre la commission qu'ils ont obtenue sous des promesses qu'ils sont hors d'état de réaliser.

Les véritables marchands en gros sont tous connus ; pour peu qu'on y prenne garde, il est impossible de tomber dans l'équivoque que nous signalons.

Tous, d'ailleurs, alors même qu'ils ont des dépôts, soit à la Mouche, soit à Vaise, ont des bureaux et des magasins à l'entrepôt général de Perrache : c'est là qu'il convient, autant que possible, d'aller s'entendre avec eux.

Les consommateurs sérieux n'admettent aucun intermédiaire entre eux et leur marchand ; c'est un exemple qu'il importerait que tout le monde suivît.

On connaît aujourd'hui la vérité : il ne faut plus que le courage de la regarder en face.

Charger son chauffeur, sa servante ou un courtier d'aller faire sa provision de charbon, c'est, neuf fois sur dix, imposer au marchand les volontés d'un tiers qui posera, pour unique condition de l'achat, une forte remise en sa faveur; heureux s'il s'en tient là, s'il ne colporte pas la commande de maison en maison, jusqu'à ce qu'il ait rencontré un homme aussi peu scrupuleux que lui, et qui, outre sa remise, consente à lui facturer 18 hectolitres pour 15 réellement livrés. C'est l'extrême facilité de ces tripotages qui maintient encore le détestable système du mesurage malgré le discrédit dans lequel il est tombé; c'est la déplorable manie de certains consommateurs de mettre le premier venu à leur lieu et place pour une opération qui ne peut être convenablement faite que par eux-mêmes, qui a perpétué des abus dont le marchand loyal ne s'indigne pas moins que le public et, qui sont souvent, pour l'un comme pour l'autre, la cause d'un préjudice énorme.

MARCHANDS EN DÉTAIL

—◦◯◦—

Cette classe, contre laquelle s'élèvent de fâcheuses préventions, les a souvent justifiées par les habitudes de quelques-uns de ceux qui la composent. Il serait cependant injuste d'oublier qu'elle renferme de très-braves gens, et que beaucoup d'individus qui ont contribué à la déconsidérer n'en font nullement partie. Ainsi, les *rouleurs* qui parcourent les rues avec un chargement en quête d'acheteurs (ce qui est interdit dans presque toutes nos grandes villes et finira certainement par l'être à Lyon) sont confondus à tort avec les marchands en détail.

En principe, il faut apporter dans le choix de ces marchands un très-grand soin et ne rien accorder à la confiance; on doit soi-même aller faire son choix, faire mesurer, enlever et transporter le charbon sous ses yeux.

Dans aucun cas, il ne faut acheter aux gens

3

qui parcourent les rues, lesquels s'abattent presque tous du dehors et trouvent le moyen de
vendre à un prix exorbitant du charbon de
rebut (1).

---

(1) Malgré la surveillance et les efforts de la police,
certains quartiers n'ont guère que ce mode d'approvi-
sionnement ; aussi le véritable charbon y est-il presque
inconnu, et arrive-t-il qu'on paie, sans s'en douter, jusqu'à 4 fr. 60 l'hectolitre un charbon censément vendu
2 fr. 30 et qui, en réalité, ne vaut pas toujours 1 fr. 40...
Le principal secret de l'opération est de ne livrer pour
l'hectolitre qu'un demi-hectolitre seulement. (Voyez notamment les condamnations correctionnelles prononcées
les 6 janvier 1859, 7 mars, 22 mars, 2 juillet 1860, 16
avril 1861, etc.)

COURTIERS

Les véritables courtiers, gens du métier, agissant pour le compte d'une maison de gros et accrédités par elle, sont rares; ceux-ci sont, à proprement parler, des représentants.

Par contre, les courtiers écumeurs s'élèvent à un nombre considérable : cette qualification s'applique à des individus sans connaissances spéciales, souvent sans antécédents et sans moralité, qui ne savent qu'exploiter et le consommateur qui a l'imprudence d'accepter leurs offres, et le marchand auquel ils imposent leur dangereux ministère. Cette classe comprend, comme sous genres peu connus, les guetteurs et amorceurs qui se tiennent en embuscade sur les voies qui conduisent aux estacades, saisissant au passage le consommateur qui va à la provision, l'entraînent, s'il a la faiblesse de se laisser faire, dans des magasins de certain ordre où on l'échaude.

Le moment n'est pas venu de dévoiler toutes ces turpitudes : on peut seulement affirmer qu'elles dépassent tout ce que l'on pourrait imaginer et que les courtiers marrons sont le fléau du commerce des charbons.

VOITURAGE

Lorsque le consommateur s'approvisionne directement aux sources, si son charbon lui est
expédié par la voie des chemins de fer, c'est à
la gare qu'il est obligé d'aller en prendre livraison, car les compagnies ne se chargent pas de
rendre à domicile cette nature de marchandises.

A moins qu'il n'ait à sa disposition le matériel
et les hommes nécessaires pour charger son
charbon sur des voitures et l'amener chez lui, le
consommateur doit, pour ce travail, faire choix
d'un des voituriers qui se chargent spécialement
de ces transports.

Le choix d'un voiturier a une importance
beaucoup plus grande qu'on ne le suppose généralement : il ne suffit pas que l'expédition ait
été faite dans de bonnes conditions, il faut encore que le charbon soit enlevé avec soin, transporté tout entier à sa destination..., qu'on ne le

débarrasse pas de ses plus beaux morceaux, soit en les perdant en route, soit autrement, etc., et que le consommateur ne soit pas condamné à se fâcher pour n'obtenir que des protestations et la preuve qu'on se joue de lui. Pour tout cela, il faut des hommes qui conau sisent parfaitement le métier, actifs, sûrs, exacts, etc. Nous n'oserions assurer que ce soit là le plus grand nombre.

Tarif du voiturage.

L'enlèvement des charbons aux gares des chemins de fer et leur transport chez le destinataire, se paient, savoir :

LYON, dans les limites de l'octroi (la Croix-Rousse, Fourvières et St-Just exceptés).

A. En sacs ou paillats (mode généralement usité), sacs fournis par le voiturier.

Au poids. 0   25 les 100 kilog.
A la mesure 0   20 l'hectolitre.

B. En garenne (mode presque abandonné), charbon jeté à la pelle dans les tombereaux.

Au poids. 0   20 les 100 kilog.
A la mesure 0   15 l'hectolitre.

Nota. — Pour les transports de Perrache à Vaise, ces prix doivent être augmentés de 0,05 c.

Lorsque le transport a lieu à Monplaisir, à Villeurbanne, aux Charpennes, au faubourg de Bresse, à la Croix-Rousse et sur les plateaux de Fourvières et de St-Just :

Au poids. . .	En sacs . . .	0	35	les 100 kilog.
	En garenne.	0	30	Id.
A la mesure.	En sacs . . .	0	30	l'hectolitre.
	En garenne.	0	25	Id.

Lorsque le transport a lieu à Ste-Foy, à Francheville, à la Demi-Lune, à Ecully, à l'Ile-Barbe, à Cuire, à Neyron :

Au poids. . .	En sacs . . .	0	40	les 100 kilog.
	En garenne.	0	35	Id.
A la mesure.	En sacs . . .	0	35	l'hectolitre.
	En garenne.	0	30	Id.

En dehors de ce cercle et pour la campagne, les prix ne se règlent communément qu'après le transport, en raison de ses difficultés, de la longueur du parcours, du temps employé, etc.

POIDS PUBLIC DES CHARBONS

—◦◯◦—

Quand on se reporte aux travaux des grandes assemblées qui sortirent de la révolution de 89, on constate que toutes les questions qui se rattachaient à l'organisation des bureaux de poids publics furent traitées avec un soin extrême ; si l'on fût resté toujours dans la voie ouverte alors, cette institution serait certainement aujourd'hui l'une des plus utiles, des plus fortes et des plus morales du pays.

Mais abandonnée presqu'aussitôt que créée, l'institution, trop faible encore pour se soutenir d'elle-même, fléchit sur sa base, et les administrations municipales, perdant presque partout de vue le but qu'elles devaient s'efforcer d'atteindre, ne virent plus dans les poids publics que le produit qu'on pouvait en tirer, puis bientôt en vinrent à admettre qu'on pouvait, au ha-

sard d'une adjudication, les abandonner à qui
oserait le plus promettre (1).

Cette faute était grave, presque partout elle
eut pour résultat d'amener, par l'avilissement

---

(1) L'histoire des adjudications est partout la même ;
or, si ce n'est qu'à force de surveillance et par l'emploi
de moyens souvent rigoureux qu'on arrive à une exécu-
tion fidèle des marchés, qu'attendre du fermier peseur
qu'on abandonne à lui-même, auquel on ne demande
que de l'argent sans s'occuper de la manière dont il se le
procure, et qu'on place dans l'alternative ou de se sa-
crifier à son devoir ou de s'engager dans une voie fu-
neste, en faisant du gain, quand même, la loi de son
marché ?

Une autre considération trouve ici sa place :

Le peseur, placé entre le vendeur et l'acheteur, rem-
plit de véritables fonctions arbitrales, fonctions qui, bien
que très-humbles et très-dédaignées par les hommes de
quelque valeur, n'en dérivent pas moins d'une source
élevée et respectable. Un tel poste ne peut donc être
confié qu'à des hommes d'une aptitude et d'une probité
onguement éprouvées, à charge, comme cela se pratique
généralement pour les facteurs aux halles, de verser
dans la caisse municipale une partie déterminée des
produits, voilà ce qu'on comprend ; mais la mise à l'en-
can d'une charge essentiellement publique, voilà ce qui
n'est ni dans nos lois, ni dans nos mœurs.

des agents, l'avilissement de l'institution elle-
même, et le public, exploité par des fermiers
sans capacité et sans scrupule, s'en passa le plus
qu'il put. Cependant, même alors que les poids
publics cessaient de présenter les garanties indispensables, ils répondaient encore à un besoin
si impérieux et si général, que la plupart purent
vivre au milieu de la déconsidération dont ils se
trouvaient frappés.

Du reste, il est à peine nécessaire de le dire,
cet état de choses avait ses exceptions; non-
seulement on vit des poids publics reprendre ou
garder leur véritable place, mais dans quelques
villes ils prirent des développements remarqua-
bles ; ainsi, à Paris, ils acquéraient administra-
tivement une très-grande importance (1); à Marseille, une organisation puissante les élevait à la
hauteur des institutions modèles ; enfin, Lyon
offrait, dans son magnifique établissement de la
Condition des soies, le type à la fois le plus pra-

---

(1) En 1861, le personnel du service du poids public
de Paris se composait de 2 contrôleurs, 3 vérificateurs,
56 préposés, 30 peseurs et 14 auxiliaires et ouvriers ;
soit 105 agents recevant 180,800 fr. de traitements.

tique, le plus savant et le plus complet des créations de cette nature.

S'il est vrai que de pareils résultats ne peuvent se produire que dans des circonstances exceptionnelles, le terme de comparaison qu'ils présentent n'en fait pas moins éclater les imperfections des services analogues, et l'intérêt public n'en exige que plus impérieusement que l'on cherche à effacer ces imperfections le plus possible.

La ville de Lyon est une de celles qui se trouvent dans les meilleures conditions pour la réalisation des avantages dont une administration habile et dévouée à ses intérêts peut la mettre en possession. D'ailleurs, lorsqu'on a été témoin de la merveilleuse transformation qu'a subie cette grande cité, on reste avec la conviction que tout ce qui rentre, à quel titre que ce soit, par son utilité dans le vaste programme de cette régénération, s'accomplira à une heure marquée. La population sait que le Poids public des charbons n'a pas été oublié et à qui elle doit de l'avoir vu devenir pour elle un instrument utile et sûr.

Il est donc permis de voir dans ce signe le

gage d'améliorations nouvelles, et de croire que lorsqu'un premier effort a déjà eu des résultats si heureux, l'œuvre s'achèvera bientôt tout entière.

Placé sous la surveillance des autorités judiciaire et administrative, le Poids public des charbons a été créé dans le but de garantir l'exactitude des livraisons de charbons.

Les droits de pesage ont été fixés à 75 centimes (tare comprise) par chaque voiture vérifiée ; ils sont supportés moitié par le vendeur et moitié par l'acheteur, à moins que celui-ci ne déclare se prévaloir de l'*usage local* en les mettant tout entiers à la charge du vendeur.

La garantie du Poids public s'obtient sur la simple déclaration faite par le consommateur au vendeur qu'il n'achète que sous le bénéfice de cette garantie et qu'il l'exige.

Toute constatation effectuée sur la réquisition de l'autorité et de ses agents est gratuite.

Le Poids public est ouvert à toute heure, excepté le dimanche, passé midi. — Les consommateurs peuvent s'y procurer, sans aucun frais, tous les renseignements qui les intéressent.

Préposé : M. Magué (A.), cours Charlemagne, 1
(Perrache.)

Si minimes que soient les droits de vérification, ils servent de point de résistance à quelques marchands, d'ailleurs en petit nombre, qui ont des motifs particuliers pour chercher à se soustraire à tout contrôle de leurs opérations; la question ainsi déplacée peut se résoudre plus facilement selon leurs vues, et d'ordinaire, en effet, le consommateur, lassé par ces discussions, finit par les laisser opérer à leur guise.

Comme argument ordinaire, ces marchands allèguent qu'ayant fait la dépense de l'établissement d'une bascule, ils ne peuvent consentir à prendre à leur charge les frais d'une vérification faite ailleurs que chez eux.

La réponse est simple. Dans ses prescriptions, la loi ne s'occupe nullement de savoir si le vendeur ou l'acheteur sont pourvus des instruments à l'aide desquels la quantité peut être déterminée, elle pose uniquement comme principe que, par cela seul qu'une des parties réclame la vérification, cette vérification est de droit, qu'elle est effectuée par les agents nommés à cet effet, et que chacune des parties est tenue de payer la moitié des frais qu'elle occasionne. (Art. 9 du décret du 16 juin 1810.)

Ainsi, l'acheteur n'a pas à discuter avec le marchand une question que la loi a formellement résolue ; il sait que ce n'est là qu'un prétexte et il doit en faire justice sans la moindre hésitation.

Ces considérations, tirées de la loi, ne sont pas les seules qu'on puisse invoquer ; il en est d'autres, tirées des faits, des instructions ministérielles et surtout des actes de la justice, qui seraient tout aussi décisives : nous les tenons en réserve.

Le Poids public des charbons est aujourd'hui jugé, il a heureusement traversé toutes les épreuves d'une longue expérimentation, et son existence est désormais assurée, parce que la population tout entière le veut ainsi. Ce n'est pas là, si modeste qu'elle soit, l'œuvre qui proclame le moins haut la mission tutélaire de la justice et la sollicitude de l'administration.

Chacun sait que la taxe perçue par voiture vérifiée n'est qu'une sorte d'abonnement qui ouvre aux intéressés le droit d'user, sans réserve et sans frais, de tous les moyens d'action qui se trouvent à la disposition du Préposé. Le Poids public est donc, dans l'acception la plus large de ce mot, un établissement qui appartient au public et où tout fonctionne pour son usage et à son profit.

Ainsi, les opérations effectuées au Poids public des charbons sont notifiés aux frais de la Caisse à tous ceux auxquels il en doit être rendu compte.

Ceci donne lieu à un mouvement de correspondance dont on ne peut se faire l'idée qu'en se rappelant qu'une même opération est toujours notifiée à deux personnes, parfois même à trois ou quatre.

Jamais il n'est rien perçu au-delà du droit réglementaire, même lorsque des opérations accessoires grèvent la caisse de frais imprévus considérables ; recherches et compulsions, bordereaux, états, rapports, mémoires même timbrés, vérifications sur place avec transport d'instruments, tout est gratuit. Le Préposé, actif auxiliaire du consommateur, se tient à côté de lui pour l'aider de son expérience et de ses efforts dans la défense de ses droits, et ne le quitte jamais que lorsqu'il a obtenu la satisfaction qui lui est due.

Ce qu'on ne soupçonne guère, c'est l'énormité relative des frais dont ce service est grevé.

Si l'on tient compte des opérations faites sur l'ordre de l'autorité ou dans l'intérêt public, la moyenne des droits perçus n'atteint pas 0 fr. 53. Eh bien, les frais d'affranchissement et d'impression absorbent à eux seuls le quart de cette taxe ; et si l'on répartit sur la masse les frais de correspondance et autres, ces frais dépassent 35 p. % rien que sur le produit brut.

En moyenne, la vérification de 100 kil. ne revient pas à 0 fr. $01\frac{1}{4}$, déduction faite des dépenses accessoires.

Nulle part en France de pareils résultats n'ont encore été obtenus.

PORTEFAIX, CROCHETAGE

—·⊂·—

Les règlements arrêtés il y a 50 ou 60 ans ont été, depuis 1848 surtout, si profondément modifiés par l'usage qu'on peut dire qu'ils sont tombés en pleine désuétude. Pris d'ailleurs sous les influences souvent contraires que créait alors l'éparpillement des pouvoirs municipaux, ils présentaient les anomalies les plus choquantes; c'est ainsi que quand l'un d'eux allouait aux portefaix 0 fr. 30 par cent kilogr., pour un travail abondant et facile, un autre ne leur accordait que 0 fr. 12 1/2 pour un travail très-pénible, alors que ce travail comportait au moins un salaire de 0 fr. 25, et comme si ce n'était pas assez, chaque partie de la ville, chaque industrie avait ses habitudes constituant une foula de règles, maintenues au mépris de la règle elle même.

Un tel état de choses, déjà si fâcheux en lui-même, devenait tout-à-fait intolérable le jour où la cité lyonnaise, enfin constituée sur ses véritables bases, était appelée à jouir des bienfaits de l'unité administrative.

Le tarif suivant, inséré depuis longtemps dans l'Annuaire départemental et qui est reproduit par la plupart des indicateurs, des agendas et almanachs locaux, est aujourd'hui le seul que tout le monde connaisse et qu'ait consacré pour toute l'agglomération lyonnaise, par voie de transaction, le consentement presque unanime des intéressés ; éprouvé par quinze années de discussion, il a désormais toute la force d'un fait acquis, et ne comporte plus que les seules exceptions résultant de stipulations contraires ; il est permis d'espérer que, dans un temps prochain, l'approbation administrative achèvera de le régulariser.

TARIF.

Houilles et Cokes.

(Au poids.)

Transport de 100 kilogr. (soit en garenne, soit en sacs ou paillats), pris à la charrette :

Au rez-de-chaussée, à la cave, au premier et
au deuxième étage. . . . . 20 c.

Au troisième étage et au-dessus . . . 30

Chaque entresol compte pour un étage.

(A la mesure.)

Transport d'un hectolitre (en sac ou en pail-
lat), pris à la charrette :

Au rez-de-chaussée, à la cave, au premier et
au deuxième étage. . . . . 15 c.

Au troisième étage et au-dessus . . . 20

Chaque entresol compte pour un étage.

Bois de chauffage.

(Au poids.)

Pour 100 kilogr. (1) :

Sciage, — chaque trait de scie. . . . 30 c.

---

(1) Cette fixation donne lieu à une observation : c'est
qu'elle est un peu élevée comparée à celle admise pour
les bois à la mesure ; 0,30 par 100 kilog., c'est admettre
que le stère pèse 333 kilog., tandis qu'en réalité la
moyenne du poids des bois consommés à Lyon, excède
400 kilog. (le maximum est d'environ 440, le minimum
de 300). Or, sur cette base de 400 kilog., la rétribution
serait juste le quart de celle fixée pour le stère, soit
pour le sciage 0,25 et non 0,30 et pour le montage entre
30 et 35 et non 0,40.

Montage et empilage, à quelque étage
que ce soit.   40

(A la mesure.)

Pour un stère (1) ou un mètre cube :

Sciage, — chaque trait de scie. .   1 fr. »

Montage et empilage, à quelque
étage que ce soit   1   25

Fagots.

Pour un cent :

Sciage, — chaque trait de scie (0 fr. 05 par
fagot). . . . .   5 fr. »

Montage et mise en place, à quelque étage que ce soit (0 fr. 03 chaque
fagot, scié ou non scié)   3   »

---

(1) Les dimensions du stère ont été déterminées par
l'arrêté préfectoral du 10 octobre 1862.

Le journal le *Progrès* a, le premier, dans son numéro
du 21 octobre 1862, appelé l'attention publique sur les
conséquences de cet arrêté, mais dans le *Courrier de
Lyon* du 15 novembre suivant, M. Sixte Delorme a re-
pris et développé la question sous un jour tout nouveau
avec une telle autorité qu'on peut dire qu'il a rallié
toutes les convictions à la sienne.

Charbon de bois et poussier.

L'hectolitre ou 20 kilogr. . . . . . . » fr. 10

Marchandises diverses, denrées coloniales, comestibles, pommes de terre, châtaignes, draperie, faïencerie, mercerie, quincaillerie, balles, ballots, caisses, tonneaux, etc.

Pour 100 kilogr. :

Transport et emmagasinage aux rez-de-chaussée. . . . . » fr. 20

Lorsque l'emmagasinage n'a pas lieu au rez-de-chaussée, le crochetage se règle de gré à gré.

Nota. — Par exception, le plâtre et le sel ne donnent lieu qu'aux droits ci-après :

Le sac de plâtre, du poids de 105 à 110 kilogrammes . . . . » fr. 15

Le sac de sel . . . . » 10

Farines.

Pour un sac, quel qu'en soit le poids :

Rentrage et mise en place au rez-de-chaussée. . . . . » fr. 15

Montage au premier étage. . . . . » 20

Chaque étage en plus . . . . » 20

Foin.

Pour 100 kilogr. :

Transport et rentrage dans la fenière	»	75
Montage au premier étage.	1	»

Bagages, malles, paquets, caisses, colis, etc.,
transportés d'un point quelconque à un autre.

Jusqu'à 25 kilogr., le transport se règle de gré à gré, en raison du nombre des objets, de leur volume, de leur poids et de la distance, mais sans pouvoir excéder le maximum de.   1 fr. 25

De 25 à 50 kilogr., il est dû, par chaque masse indivisible de ce poids .   1   25

De 50 à 100 kilogr., soit que le portefaix opère le transport à bras, soit qu'il l'effectue dans une carriole, le droit est de   1   75

Il n'est dû aucune rétribution en sus pour les cartons à chapeaux, étuis, sacs de nuit et autres bagages à la main qui seraient portés avec la malle.

Droits et devoirs des portefaix.

Ce travail a pour objet d'établir quelques principes importants parfois méconnus ou faussés dans l'application ; nous n'avons rien négligé pour qu'il fût exact, et nous le croyons, en effet, l'exposé fidèle des règlements et instructions sur la matière. Si pourtant quelques points paraissent mal établis ou contestables, on n'oubliera pas que l'autorité est là pour poser des règles et pour expliquer ses intentions et ses actes.

Le droit d'effectuer tous les déchargements qui ont lieu sur la voie publique, appartient aux portefaix en vertu d'un principe que la jurisprudence a dû soigneusement circonscrire, mais qui a sa base dans des nécessités locales patentes, non moins que dans une réglementation sage et prévoyante.

En conservant aux portefaix une position que la Révolution de 89 n'avait respectée que parce qu'elle était justifiée par l'intérêt public, l'administration n'a jamais eu la pensée de ressusciter un privilége ; tout au contraire, elle a voulu maintenir sous la main de la population, dans les conditions indispensables de probité, d'adresse et de force, un personnel sans lequel elle se trouverait à la merci des gens de peine dont elle est forcée, pour certains travaux, de réclamer les services et dont les prétentions se-

raient certainement d'autant plus exorbitan-
tes et plus violemment soutenues que le travail aurait été plus mal fait : il est évident que
ce résultat ne pouvait être obtenu que moyennant certaines garanties, et que, pour pouvoir
imposer au portefaix le travail que d'autres au-
raient à peine voulu faire pour un salaire triple
ou quadruple, il fallait aussi lui assurer le travail dont le premier venu se serait chargé.

Ce n'est donc que par une étrange exagération
que, posant la question en question sociale, on
prétendrait voir dans le maintien d'une institution nécessaire, l'oubli de certains grands principes qui n'ont rien à voir ici; et lorsque, par
une sorte de forfait qui est tout à l'avantage du
consommateur, le portefaix se soumet à exécu-
ter, sans pouvoir jamais le refuser, le travail
qui lui est commandé, si pénible, si dangereux
qu'il soit (1), moyennant le faible salaire que

(1) La fâcheuse habitude, prise généralement depuis
quelques années, d'emmagasiner le charbon dans les
greniers, a rendu infiniment plus pénible le travail des
crocheteurs, et contribue à ruiner prématurément les
forces de ces malheureux.

lui alloue le règlement ou l'usage, c'est au moins un acte injustifiable que de chercher à s'approprier ou à réduire ce salaire par des moyens détournés.

Il nous reste maintenant à faire connaître les principales obligations des portefaix et les règles de leur travail.

La direction supérieure et l'organisation des Compagnies de portefaix (1) rentrent dans les attributions de la *police municipale* (3ᵉ division de la préfecture, à l'Hôtel-de-Ville).

Les Compagnies de portefaix sont placées sous l'autorité des commissaires de police, pour e règlement des contestations qui peuvent s'élever à l'occasion de leur service, de la fixation de leur salaire et de leur discipline intérieure, sauf à déférer à l'autorité supérieure les cas qui peuvent donner lieu à interprétation.

---

(1) La corporation des portefaix se compose de 25 Compagnies, dont l'effectif moyen est de 25 hommes, et qui sont affectées :

12 au service des rues et places (portefaix de ville),

12 au service des ports,

1 au service des halles et marchés.

Chaque Compagnie est placée sous les ordres
d'un syndic et d'un adjoint.

Les syndics et adjoints dirigent et surveillent
les portefaix, non-seulement pendant la durée
du travail, mais tant que ceux-ci se trouvent sur
la voie publique ; leur action pour le maintien
de la discipline s'exerce partout où ils se trouvent, sans distinction de lieux ni de Compagnies.
— Les punitions qu'ils infligent en l'absence des
titulaires, ne peuvent être levées que par l'autorité supérieure.

Dans les établissements et les administrations
publics, les établissements religieux et les mai-
sons d'éducation, il ne peut être effectué aucun
travail hors la présence d'un syndic ou d'un adjoint.

Tout portefaix est tenu de se conformer aux
ordres de l'administration, de prêter en toute
circonstance main-forte aux agents de l'autorité
publique, de surveiller dans l'intérêt du commerce et des consommateurs les transports, char-
gements et déchargements opérés sur la voie
publique, et de signaler sur-le-champ les infrac-
tions, fraudes ou détournements que cette surveillance leur ferait découvrir ; dans les cas de

sinistres ou accidents quelconques, ils sont tenus
de faire, sans qu'il soit besoin d'aucune réquisition, tout ce que les circonstances exigent.

Le droit de stationner sur la voie publique,
pour s'y tenir à la disposition du public, est ex-
clusivement attribué aux portefaix porteurs de
leur commission et de leur médaille.

Sous la réserve des droits des portefaix des
ports et de ceux spécialement affectés au service
des halles, le travail des portefaix de ville
s'exerce, pour chacun des arrondissements auxquels appartiennent leurs Compagnies, sur toutes les parties de la voie publique et sur les parties des propriétés particulière affectées à l'usage
commun des locataires, telles que allées,
cours, etc. (Voyez l'article 1er de l'arrêté de police du 6 février 1854.)

Ils ont droit au déchargement de toutes les
marchandises et denrées arrivant par la voie de
terre (1), sur quelque point qu'ait lieu ledit dé-

_____

(1) L'unique exception admise est celle des *articles de
messagerie* ou de camionnage proprement dit : la forme
et le nom de véhicule ne sont rien ici, c'est la nature
des marchandises qui détermine le droit des portefaix ;

chargement, et même lorsqu'il est effectué sur les ports ou chemins de halage ou transporté sur des bateaux.

Nul n'a le droit ni la faculté de faire transporter ou décharger *ses* denrées, marchandises ou approvisionnements, que par *ses domestiques* et gens *à gages à l'année*, et non au mois, à la journée ou à l'heure, ou ayant traité à forfait pour le chargement ou le déchargement des marchandises (article 3 de l'arrêté de police du 6 février 1854).

Le bénéfice de cette disposition ne s'applique qu'au *réceptionnaire seul*, l'expéditeur ou transporteur ne pouvant dans aucun cas confis-

---

ainsi ils peuvent seuls effectuer le déchargement du charbon, des pommes de terre, des marchandises de roulage, etc., que l'on donne à la voiture qui les transporte le nom de tombereau, de maringotte, de charrette, d'équipage, de fourgon ou de camion.

Il n'est pas moins évident que le mode d'attelage n'est rien non plus dans la question : la voiture traînée à bras doit, aussi bien que celle attelée d'un cheval ou d'un âne, être déchargée par le portefaix, si les marchandises qu'elle transporte lui en donnent le droit.

Tel est le principe, et il n'appartient qu'à l'autorité de le modifier dans l'application.

quer à son profit le droit d'installer ses serviteurs sur la voie publique, ou de s'y installer
lui-même aux lieu et place des portefaix.

Les voituriers doivent se tenir sur leur voiture et avancer les marchandises à décharger.
Non-seulement ils ne peuvent exiger, en raison
de ce travail, aucune rétribution des portefaix,
mais ceux-ci ont droit à 0 fr. 50 par collier, lors_
que, par suite de l'absence du voiturier ou de
son refus d'avancer les marchandises, ils se
trouvent forcés de le faire eux-mêmes.

Par le seul fait de l'introduction dans une
cour, ou autres dépendances *communes* à plusieurs locataires, d'une voiture dont le déchargement réclame le concours des portefaix,
ceux-ci ne peuvent être tenus de se retirer que
sur la déclaration *écrite* du réceptionnaire, qu'il
entend faire effectuer le déchargement par ses
serviteurs à gages à l'année, *nominativement* désignés à cet effet.

Les portefaix ne peuvent refuser le travail
pour lequel ils sont commandés, ni refuser de
le continuer, soit à cause de ses difficultés, soit
à cause de son peu d'importance : il leur est interdit d'exiger un salaire plus élevé que celui
alloué par les règlements ou par l'usage.

CONSOMMATEURS

A Lyon comme partout, c'est du consommateur que dépend en grande partie la destruction
des abus auxquels donnent lieu les livraisons
de charbon. Si vigilante que soit l'administration,
elle ne peut pas suppléer à sa faiblesse ou à sa
négligence; si sévère que se montre la justice,
elle ne peut pas réprimer des abus qu'une pitié
malentendue s'efforce de lui cacher, et le mal-
heur de la situation c'est que l'improbité a pour
complice ceux-mêmes qu'elle dupe et qu'elle ex-
ploite.

C'est donc surtout ici qu'on peut dire avec
l'un des chefs les plus vénérés du parquet :
« Que chacun use enfin de son droit et bientôt
« les marchands seront forcés d'être justes :
« c'est notre faiblesse qui encourage leurs frau-
« des, et c'est parce qu'ils comptent sur notre
« négligence qu'ils disent avec les maudits des

« livres saints : *Imminuamus mensuram : sup-*
« *ponamus stateras dolosas* (*Amos*, VIII, 5).
« Diminuons la mesure, altérons nos balan-
« ces... » (M. Tarbé, avocat-général à la Cour
de cassation.)

D'après les hommes dont la sagesse et l'expérience constituent en cette matière l'autorité
la plus sûre, les règles qu'il importe au consommateur de ne jamais perdre de vue dans ses
achats de charbons, sont celles suivantes :

1. Apporter dans le choix d'un fournisseur
tous les soins que l'importance de ce choix réclame, et traiter directement avec lui, sans admettre aucun intermédiaire ; s'il n'est pas possible d'aller le voir, lui assigner un rendez-vous.

Pour peu qu'on en prenne la peine, on décou-
vre facilement les marchands que recommande
un passé et des habitudes irréprochables. Les
hommes douteux, vulgairement désignés sous la
dénomination de marchands de contrebande, ou
qui n'ont pris le métier que parce qu'ils étaient
incapables d'en remplir un autre, sont généralement connus : leur réputation n'a jamais re-
jailli, quoi qu'on dise, sur ceux dont tout le
monde honore la probité.

2. Exiger toujours, comme condition du marché, la désignation et la garantie de la *provenance* ; connaître les sources de la production et pouvoir s'y approvisionner directement, c'est être libre de se passer de l'intermédiaire qui met ses services à trop haut prix, c'est ressaisir son droit de contrôle, c'est réserver son action.

3. L'appât du bas prix est l'amorce à l'aide de laquelle de prétendus marchands enlèvent le client et..... l'enfoncent. On a vu offrir à 1 fr. 80 des charbons que la mine même ne livre jamais qu'au-dessus de ce prix. Si grossier que soit le moyen, beaucoup de gens s'y laissent prendre.

A ceux qui se soucient peu du rôle que ces flibustiers réservent à leurs clients, rappelons que les prix impossibles révèlent la pratique du vol et se traduisent inévitablement, soit par un déficit sur le poids ou sur la mesure, soit par une substitution dans la qualité, soit par un mélange frauduleux.

4. Ne permettre, sous aucun prétexte, l'introduction du charbon *avant* d'avoir reçu et examiné le bulletin de livraison qui doit toujours l'accompagner : un marchand qui a quelque souci de sa réputation ne s'exposera jamais à être

confondu avec les soi-disant confrères qui, une fois le charbon noyé dans les caves, font effrontément remettre une facture contenant le double de ce qu'ils ont livré. Encore une fois, c'est avant le déchargement et non après que la facture doit être produite.

5. Tenir rigoureusement la main : 1° à ce que les voitures portent des plaques et des numéros parfaitement apparents (1); 2° à ce que les prescriptions légales soient observées dans la rédaction des bulletins de livraison qui doivent contenir les noms, qualités et demeures de l'expéditeur et du destinataire; la désignation de la quantité, de la qualité, de la provenance; s'il y a mélange, la proportion de ses parties, et, en outre, être datés et signés. Tout cela est de droit et doit absolument être exigé,

6. Prendre pour règle la vérification du poids

---

(1) Cela est indispensable pour prévenir les erreurs ou les fraudes auxquelles donnent lieu les substitutions de voitures. Le meilleur type est : plaques et numéros distincts (caractères noirs sur fond d'émail blanc), les plaques en fonte ou autrement, dans lesquelles tout s'*embrouille* dans un gâchis microscopique, n'offrent aucune garantie.

du charbon, même s'il est expédié par la mine, s'il est livré à l'hectolitre et si cette vérification a déjà eu lieu au moment du chargement ou pendant le trajet. Pour que la vérification soit sérieuse, et le cas en vaut assurément la peine, il faut qu'elle soit effectuée par d'autres agents, avec d'autres instruments et dans un autre lieu.

Ne pas oublier que l'homme qui au mot de vérification fait la grimace, vante sa probité et chicane sur le paiement des modiques droits qu'occasionnent ces sortes d'opérations, est jugé; les honnêtes gens sont toujours satisfaits de pouvoir *prouver* leur loyauté, et, loin d'attendre qu'on les y force, ils n'en laissent jamais échapper l'occasion.

7. Ne jamais consentir à ce que, sous prétexte d'économie, on fasse faire le déchargement par des individus autres que les portefaix. Ces hommes sont les véritables gardiens du consommateur, ils peuvent seuls déjouer certaines fraudes, souffrir qu'on les écarte, c'est se mettre à la merci de ceux qui n'entendent pas qu'on se permette de les regarder *travailler* ou qui ont des raisons pour ne travailler qu'avec des compagnons *de leur choix*.

TABLE

—◦—

Lyon, impr. de Vᵉ Mougin-Rusand.

287

www.ingramcontent.com/pod-product-compliance
Lightning Source LLC
Chambersburg PA
CBHW032247210326
41521CB00031B/1684